ÉTUDE

SUR LES

FOSSILES

TERTIAIRES ET QUATERNAIRES

DE LA

VALLÉE DE LA CETTINA

EN DALMATIE

IMPRIMERIE D. BARDIN, A SAINT-GERMAIN

ÉTUDE

SUR LES

FOSSILES

TERTIAIRES ET QUATERNAIRES

DE LA

VALLÉE DE LA CETTINA

EN DALMATIE

PAR

J.-R. BOURGUIGNAT

SAINT-GERMAIN
IMPRIMERIE D. BARDIN
80, RUE DE PARIS, 80

Décembre 1880

Les espèces fossiles que je vais faire connaître ont éte recueillies par le podestat de Sinj, le Dr Tripalo, et par le comte Paulovic de Verlika.

Les fossiles du Dr Tripalo proviennent des grands ravins dénudés qui avoisinent à l'ouest la ville de Sinj ; ceux du comte Paulovic, des bords d'une source au fond d'un vallon près de Ribaric. Tous, en somme, ont été découverts dans la partie haute de la vallée de la Cettina et m'ont été remis par notre excellent ami le conseiller A. Letourneux qui, avec une ardeur et une sagacité sans pareilles, a exploré, au printemps 1878, le magnifique pays de Dalmatie.

Les fossiles de cette vallée me paraissent appartenir à deux niveaux géologiques distincts :

1° A un niveau quaternaire relativement récent ;

2° A un autre que je rapporte à la période pliocène.

Je ne possède du niveau quaternaire qu'un petit nombre de coquilles *terrestres* analogues aux formes encore existantes dans le pays. Elles ont été déposées par la Cettina, lorsque ce fleuve, comme tous ceux des temps préhistoriques, avait un débit d'eau beaucoup plus considérable.

Quant aux espèces pliocènes, elles sont toutes *fluviatiles*. Je dirai même qu'à mon sens, quelques-unes devaient vivre dans des eaux douces, mais que le plus grand nombre devaient exister dans des eaux saumâtres.

Il a dû y avoir, à cette époque reculée, dans cette partie de la vallée de la Cettina, une vaste dépression remplie d'eau salée, qui, peu à peu, par des causes qui me sont inconnues, sont devenues saumâtres, pour finir par être entièrement douces.

Dans la carte géologique de l'empire Autriche-Hongrie, par Guido Stache, on trouve indiqué à Sinj un dépôt tertiaire s'étendant dans la vallée de la Cettina depuis Ribaric jusqu'au-dessous du village de Trilj. Ce dépôt, auquel Stache donne le nom de *neogen* et que le docteur Fr. Lanza de Spalato place dans le miocène (1), me semble concorder avec ces vastes couches de la vallée de la Save, d'où MM. Brusina, Neumayr, Paul, Pilar, Hörnes et autres ont extrait de si nombreuses Paludines, de si belles Mélanies et de si magnifiques Unios.

§ 1. ESPÈCES QUATERNAIRES

Parmi les espèces que j'ai pu examiner, je n'ai trouvé que les suivantes qui soient franchement quaternaires. Elles proviennent toutes des environs de Sinj.

1. Essai sur les formations géognostiques de la Dalmatie, in Bull. Soc. géol. France (2e série, XIII, 1855-56), p. 127 et suivantes, 1855.

Helix vulgarissima.

Helix vulgarissima, *Schlœfli*, in *Mousson* Coq. Schlœfli, I, 1859, p. 44.

Les échantillons de Sinj se rapportent parfaitement au type *vulgarissima* si répandu actuellement en Croatie, en Dalmatie, en Bosnie et jusqu'en Grèce. La forme représentée par Hilber (Diluv. landsch. Griechenland, in Kaiserl. Akad. wissench, XL, 1879, p. 210, f. 5), sous le nom erroné d'*ericetorum*, me semble n'être que cette même espèce.

Bulimus detritus.

Helix detrita, *Müller*, Verm. hist., II, p. 101, 1774.
Bulimus detritus, *Deshayes*, in *Lamarck*, An. s. vert. (2e édit.), VIII, 1838, p. 231.

Beaux individus bien développés.

Cyclostoma elegans.

Nerita elegans, *Müller*, Verm. hist., II, p. 177, 1774.
Cyclostoma elegans, *Draparnaud*, Tabl. moll., p. 33, 1801.

Echantillons semblables à ceux de nos jours.

Cyclostoma Lutetianum.

Cyclostoma Lutetianum, *Bourguignat*, Moll. quatern. env. Paris, p. 11, pl. III, fig. 40-42, 1869.
Echantillons nombreux, bien caractérisés.

§ 2. ESPECES TERTIAIRES

Vivipara Neumayri.

Vivipara unicolor, *Neumayr*, in Jahrb. geol., XIX, p. 373, pl. XIII, f. 16, 1869 (non unicolor d'Olivier).
— Neumayri, *Brusina*, Foss. binn. moll., p. 74, 1874, et *Neumayr* et *Paul*, Conger. Palud. Slav., p. 51, pl. IV., f. 1-4, 1875.

Cette vivipare de Sinj est tout à fait identique à la variété représentée (pl. IV, f. 2) par Neumayr et Paul.

Vivipara Pauloviciana.

Vivipara Pauloviciana, *Letourneux*, in Litt., 1880.

Cette espèce, dédiée au comte Paulovic de Verlika, est voisine de la *Neumayri*, dont elle diffère par sa spire moins haute, fortement obtuse-écrasée à son sommet, et par sa croissance spirale différente. Chez la *Pauloviciana*, en effet, les deux premiers tours sont exigus, comme écrasés; le troisième tour prend subitement un grand développement et devient très bombé; tandis que chez la *Neumayri*, au contraire, les tours supérieurs s'accroissent normalement en taille et en grosseur, de sorte que le troisième ne paraît pas plus gros qu'il ne doit être.

Cette espèce se distingue encore de la *Neumayri* par ses tours plus ventrus, plus renflés (sauf les deux supérieurs), dont le maximum de la convexité se trouve juste médian (chez la *Neumayri*, il est un peu inférieur);

par sa suture plus profonde; par son ouverture plus petite, plus ronde; enfin, par sa taille moindre (haut. 81, diam. 13 millim.).

Vivipara Bajamontiana.

Vivipara Bajamontiana, *Letourneux*, in Litt., 1880.

Cette nouvelle forme, que je ne puis rapprocher d'aucune de celles figurées dans les travaux de Brusina ou de Neumayr et Paul, est une espèce relativement petite pour une Vivipare (haut. 17, diam. 9 millim.). Elle est franchement *conique-pyramidale*. Son dernier tour, plan à sa partie supérieure, est facilement convexe en dessous et vers l'ouverture. Celle-ci, oblique, est subovale-arrondie et son péristome continu est obtus et fortement épaissi.

Cette espèce, dédiée au comte Bajamonti de Spalato, possède une fente ombilicale bien ouverte.

Bythinia Tripaloi.

Bythinia Tripaloi, *Letourneux*, in Litt., 1880.

Cette espèce, que notre ami le conseiller Letourneux a dédiée au Dr Tripalo de Sinj, ressemble assez à la *tentaculata* actuelle. Elle se distingue néanmoins de cette coquille par sa forme plus oblongue, par une spire élancée bien conique, par un test excessivement lisse, et surtout par son ouverture plus oblongue et moins convexe du côté externe.

Bythinia Farezi.

Bythinia Farezi, *Letourneux*, in Litt., 1880.

Jolie espèce bien lisse, d'une forme ovale-ventrue, dont l'avant-dernier tour, renflé-oblong, est comparativement énorme par rapport au dernier. Ce tour, de moyenne taille, peu convexe, même légèrement plan à sa partie supérieure, est séparé de l'avant-dernier par une suture presque linéaire et très descendante. Ouverture oblongue, légèrement patulescente à la base.

Bythinia leptostoma.

Cette Bythinie, un peu plus petite que les deux précédentes, qui sont de la taille de la *tentaculata*, est caractérisée par un test ventru, par des tours bien renflés-arrondis, peu développés en hauteur, à croissance régulière, et par une ouverture relativement très petite et presque sphérique.

Les trois formes bythiniennes que je viens de signaler des dépôts de Sinj ne peuvent être confondues avec ces belles espèces de Croatie et de Slavonie, telles que les Pilari, Croatica, Vukotinovici, etc.

NEMATURELLA

Les espèces de ce genre sont des Paludinidées caractérisées par une coquille allongée, cylindrique-acuminée, à sommet très aigu, et possédant une ouverture ayant quelques similitudes avec celle des Nematura. De là le nom générique que leur a imposé Sandberger (Conch. Vorwelt., p. 575, 1873 ?).

Chez ces espèces, les tours sont toujours presque plans, séparés par une suture étroite, comme linéaire; le test, épais, solide, possède un péristome continu, encrassé, jamais réfléchi, et une ouverture comme détachée à la partie supérieure de l'avant-dernier tour, par suite d'une déflexion brusque plus ou moins accentuée (suivant les espèces) du bord externe à son insertion.

Cette déflexion caractéristique est due au test, qui prend en cet endroit un retrait prononcé sur lui-même, dans une direction descendante, parfois très accusée, suivant que le retrait s'opère sur un test plus ou moins épais. D'où il résulte que la partie supérieure de l'ouverture est toujours située en contre-bas de l'insertion du bord externe, et qu'entre la partie aperturale supérieure et le point d'insertion, il existe une partie triangulaire très prononcée, et sur cette partie une petite arête qui la partage en deux.

Le bord péristomal offre encore un signe distinctif tout à fait important, en ce sens que le retrait supérieur se continue sur tout le pourtour péristomal; de telle sorte que le péristome, au lieu de prendre un épaississement externe, diminue, au contraire, du dehors en dedans jusqu'à son bord interne.

Les Nematurelles ont été constatées dans les dépôts tertiaires :

1° De la Slavonie, où deux espèces ont été décrites et figurées sous les noms d'*Hydrobia Slavonica* et *Syrmica* par MM. Brusina, Neumayr et Paul ;

2° De la Dalmatie, à Miocic (*Nematurella Dalmatina*);

3° De la Suisse, à Tramelan, près Delsberg, dans le canton de Berne (*Nematurella flexilabris*) ;

4° De l'Italie, dans la vallée de l'Arno, où deux formes (non décrites) ont été signalées par Sandberger (Conch. vorw., p. 743 et 744) sous les appellations d'*oblonga* et d'*ovata*.

En laissant de côté ces deux Nematurelles italiennes, dont je ne connais que les noms, les espèces de ce genre sont au nombre de quatre : Slavonica, Syrmica, Dalmatina et flexilabris.

Or, le Dr Tripalo a découvert aux environs de Sinj toute une série de ces charmantes espèces qui, avec celles que je viens de mentionner, portent à seize le chiffre des Nematurelles.

Voici leur classification :

1° *Ouverture transversalement contractée, verticale, à bords parallèles.*

Nematurella Sandriana.

2° *Ouverture transversalement contractée, verticale, à bords* non *parallèles.*

Nematurella lamellata.

3° *Ouverture transversalement contractée,* non *verticale, mais oblique dans une direction de droite à gauche, et à bords également* non *parallèles.*

Nematurella Stossichiana.

— flexilabris (1).

4° *Ouverture non contractée, mais plus ou moins sphérique.*

1. Sandberger, Conch. vorw., p. 575, pl. XX, f. 24-24^a^.

A. Test à croissance rapide. — Les deux derniers tours relativement grands.

Nematurella Letourneuxi.
— Aristidis.
— Tripaloi.
— communis.
— Klecakiana.
— Syrmica.

B. Test à croissance lente et bien régulière. Spire très élancée, les deux derniers tours de grandeur normale.

Nematurella producta.
— Paulovici.
— Dalmatina (1).
— Slavonica (2).

C. Test de forme un peu obèse, à spire trapue, à croissance plus rapide que chez la série A. Les deux derniers tours relativement très développés.

Nematurella obesa.
— pygmæa.

Sur ces espèces, trois seulement (flexilabris, Dalmatina et Slavonica) n'ont pas été trouvées dans les dépôts de la vallée de la Cettina.

Nematurella Sandriana.

Testa anguste rimata, cylindrico-elongata ac acuminata, opaca, solida, argute striatula; — spira producto-acuminata, ad summum acuta; — anfractibus 8 planu-

1. Sandberger, Conch. vorw., p. 673, pl. XXXII, f. 3-3 *b* (litorinella Dalmatina de Neumayr).

2. Hydrobia slavonica, *Brusina*, Foss. binn. moll. Dalm., p. 65, pl. IV, f. 13-14, 1874.

latis, lente crescentibus, sutura lineari ac nihilominus sat impressa separatis; — ultimo 1/3 altitudinis æquante, ad aperturam planulato-compresso, superne lente vix subdescendente; — apertura vix obliqua, elongata, transverse coarctata, superne acute angulata, utrinque recto-parallela; — peristomate continuo, recto, obtuso ac incrassato; margine columellari validiore; — alt. 6, diam. 2, alt. ap. 2, lat. ap. 1 millim.

Cette espèce, remarquable par son ouverture allongée, contractée dans le sens du diamètre, a ses bords (externe et columellaire) rectilignes et presque parallèles. La contraction aperturale de cette Nematurella est naturelle et n'est pas due à une compression accidentelle du bord externe.

Nematurella lamellata

Testa angustissime rimata, elongato-cylindrica ac acuminata, solida, opaca, lamellata (lamellæ sat distantes, regulares, obsoletæ); — spira producto-conica, ad summum acuta; — anfractibus 8 subplanulatis, regulariter ac leviter sat celeriter crescentibus, sutura parum impressa separatis; — ultimo 1/3 altitudinis superante, leviter convexiusculo, ad aperturam convexiore; — apertura parum obliqua, subelongato-oblonga, leviter coarctata, superne angulata; peristomate continuo, recto, incrassato, inferne subpatulescente; margine externo antrorsum arcuato; margine columellari brevi, retrocedente; — alt. 8, diam. 3, alt. ap. 3, lat. ap. 1 1/2 millim.

Cette espèce, caractérisée par son test régulièrement lamellé, possède une ouverture très oblongue et par cela même assez rétrécie.

Nematurella Stossichiana

Nematurella Stossichiana, *Letourneux*, in Litt., 1880.

Testa non rimata, elongato-pyramidali, opaca, solidula, eleganter striata ac lineolis (2 vel 3) spiralibus (1) minutissime circumcincta; — spira producta, acuto-conica; apice minutissimo; — anfractibus 9 planulatis, regulariter crescentibus, sutura lineari ac sat impressa separatis; — ultimo relative majore, 1/3 altitudinis leviter superante, ad aperturam convexo, superne recto; — apertura verticali, oblique coarctato-elongata, superne inferneque angulata, externe subconvexiuscula, in pariete apertural rectiuscula; peristomate continuo, recto, incrassato, ad basin subpatulescente; margine externo antrorsum arcuato; margine columellari brevi; — alt. 9, diam. 3, alt. ap. 3 1/4, lat. ap. 1 1/4 millim.

Cette Nematurelle, dédiée au Dr Stossich, de Trieste, est caractérisée par une ouverture très étroite, allongée dans un sens oblique de droite à gauche. Le retrait supérieur apertural, relativement considérable, est très descendant et de forme parfaitement triangulaire.

Nematurella Letourneuxi.

Testa non rimata, magna, cylindrico-elongata ac acuminata, opaca, solidula, valide striata (striæ leviter obli-

1. Je ferai remarquer qu'au contraire de plusieurs auteurs, je désigne sous le nom de *stries spirales* ou *longitudinales*, les stries qui, du sommet de la coquille, suivent la longueur des tours jusqu'à l'ouverture, et *stries transversales*, celles qui coupent les tours de haut en bas dans le sens transverse à leur longueur.

quæ); — spira conico-producta, in medio leviter convexiore, ad summum acutissima; — anfractibus 8 planulatis, circa suturam subturgidulis, regulariter crescentibus, sutura anguste impressa separatis; ultimo 1/3 altitudinis leviter superante, ad aperturam rotundato; — apertura obliqua, ovato-rotundata, superne obscure angulata, externe dilatato-rotundata; peristomate continuo, recto, ad marginem externum acuto, in pariete aperturali crassissimo, inferne patulescente; margine externo antrorsum arcuato; margine columellari arcuato ac retrocedente; — alt. 11, diam. 4, alt. ap. 3 1/2, lat. ap. 2 1/2 millim.

Cette espèce, la plus grande du genre, possède une ouverture bien oblique, d'une forme presque ronde et ayant une tendance à prendre une dilatation accentuée vers la partie moyenne du bord externe. Le péristome est bien plus épais du côté de la convexité de l'avant-dernier tour que du côté externe.

Nematurella Aristidis.

Testa non rimata, elongato-cylindrica ac acute pyramidali, opaca, solidula, striata ac in superioribus minutissime lineolis spiralibus circumornata ac sicut subcancellata; — spira producta, exacte conica, ad summum acutissima; — anfractibus 8 regulariter crescentibus, sutura lineari separatis; — ultimo 1/3 altitudinis æquante, planulato, inferne obscure subangulato et ad aperturam convexo; — apertura leviter obliqua, exacte ovata, superne angulata, utrinque æqualiter convexa; peristomate continuo, recto, incrassato; — alt. 10, diam. 3, alt. ap. 3, lat. ap. 2 millim.

Cette espèce, dédiée, ainsi que la précédente, à notre

ami le conseiller Aristide Letourneux, se distingue de la *Letourneuxi* par sa taille moins forte en longueur et en grosseur ; par sa forme plus exactement conique-pyramidale; par ses tours plus tectiformes; par sa suture plus linéaire ; surtout, par son ouverture peu oblique, exactement ovale, non arrondie, dilatée du côté externe; par son péristome également épaissi dans tout son pourtour, etc.

Nematurella Tripaloi.

Nematurella Tripaloï, *Letourneux*, in Litt., 1880.

Testa non rimata, sat ventrosa, cylindrico-acuminata, solida, opaca, striata (striæ passim irregulares ac plus minusve validiores); — spira producto-pyramidali, ad summum acutissima; — anfractibus 8 subplanulatis, regulariter ac nihilominus sat celeriter crescentibus, sutura anguste profunda ac sicut lineari separatis; ultimo 1/3 altitudinis fere æquante, leviter convexiusculo, ad aperturam convexiore; apertura mediocriter obliqua, subovato-rotundata, superne angulata; peristomate continuo, recto, acuto, intus incrassato, inferne et ad partem inferiorem labri externi patulescente; — alt. 9 1/4, diam. 3 1/2, alt. ap. 3, lat. ap. 2 millim.

Cette espèce et les deux précédentes (*Letourneuxi* et *Aristidis*) sont les trois plus grandes Nematurelles que je connaisse. La Tripaloi est la plus ventrue des trois. Son ouverture presque ronde paraît nettement patulescente à la base et à la partie inférieure du bord externe. Ses tours sont un peu moins plans, notamment le dernier. Le retrait supéro-apertural est très accentué.

Nematurella communis

Testa non rimata, mediocri, fusiformi-acuminata, opacula, crassula, argute striatula ; — spira acuminato-producta, ad summum acuta ; — anfractibus 8 subplanulatis, regulariter crescentibus, sutura lineari separatis ;— ultimo convexiore, ad aperturam rotundato, 2/3 altitudinis æquante ; — apertura vix obliqua, sat late ovata ; peristomate continuo, recto, acuto, intus incrassatulo, inferne subpatulescente ; marginibus (columellari et externo æqualiter arcuato-convexis ; — alt. 7, diam. 2 1/2, alt. ap. 2 1/4, lat. ap. 1 1/2 millim.

Cette espèce, la plus abondante dans les dépôts de Sinj, forme avec les deux suivantes (Klecakiana et Syrmica) une petite série de Nematurelles plus délicates et moins fortes.

Nematurella Klecakiana.

Cette forme, analogue comme taille et comme grosseu à la *communis*, se distingue notamment de celle-ci par son ouverture plus portée du côté externe et formant de ce côté une convexité plus accentuée, qui dépasse sensiblement l'avant-dernier tour. Cette coquille, à laquelle j'attribue le nom du malacologiste Biagio Klecak, est un peu plus fusiforme, et ses deux derniers tours sont sillonnés de linéoles spirales bien marquées qui, avec les striations transverses, donnent à cette partie du test une apparence treillissée.

Nematurella Syrmica.

Hydrobia Syrmica, *Neumayr* et *Paul*, Cong. und Palud. Slavon., 76, pl. IX, f. 11, 1875.

Cette coquille est bien représentée comme forme, seulement on n'a pas fait sentir, chez cette espèce, le retrait supéro-apertural caractéristique de toutes les Nematurelles. Les échantillons de Sinj ont un millimètre de plus que ceux du comitât de Syrmie (Slavonie).

Nematurella producta.

Testa non rimata, gracili, elongata, cylindrico-acuminata, opaca, crassula, striata; — spira elongatissima, acuminata, ad summum acuta; — anfractibus 9 planulatis, lente crescentibus, sutura lineari separatis; — ultimo exiguo, convexiusculo, 1/4 altitudinis leviter superante; — apertura fere verticali, ad basin leviter retrocedente, subrotundata, superne angulata; — peristomate continuo, recto, acuto, intus incrassato, ad marginem externum patulescente; — margine externo antrorsum arcuato; — alt. 9, diam. 2 1/2, alt. ap. 2 1/4, lat. ap. 2 millim.

Cette espèce, remarquable par sa forme grêle très allongée, par sa croissance spirale très lente, par son ouverture presque ronde, offre un retrait supéro-apertural très développé.

Nematurella Paulovici.

Nematurella Paulovici, *Letourneux*, in Litt., 1880.

Cette espèce, dédiée au comte Paulovic, d'une forme

encore plus grêle que celle de la *producta*, caractérisée par un test bien treillissé, sillonné par des striations transverses et spirales, se distingue, en outre, de la précédente par ses tours moins plans, paraissant un peu tors (ce qui leur donne une direction assez descendante); par une suture moins étroitement linéaire; par une ouverture bien ovale (dilatée à la base, régulièrement rétrécie à la partie supérieure) dans une direction un tant soit peu oblique de droite à gauche; par un retrait supéro-apertural obliquement descendant sur le sommet de l'ouverture, tandis que celui de la *producta* tombe directement aplomb.

Nematurella obesa.

Testa non rimata, oblongo-fusiformi, solida, opaca, striata (striæ passim sat validæ) ac lineolis spiralibus eleganter decussata; — spira producta, subattenuato-acuminata, ad summum acuta; — anfractibus 7-8 planulatis, (in ultimis) subconvexiusculis, sat celeriter crescentibus, sutura lineari separatis; — ultimo sat majore, fere dimidiam altitudinis æquante, ad aperturam convexo; — apertura fere verticali, exacte oblonga, superne leviter angulata; — peristomate continuo, recto, acuto, intus incrassato, ad basin subpatulescente; — alt. 7, diam. 3, alt. ap. 3, lat. ap. 2 millim.

L'*obesa* paraît abondante dans les dépôts de Sinj. Parmi les échantillons que j'ai pu examiner, j'ai trouvé un ou deux individus qui avaient conservé en partie leur coloration primitive. Cette coloration, qui avait été changée en celle d'un rouge brique foncé, paraît avoir été d'un noir rougeâtre très intense.

Nematurella pygmæa.

Testa minima, non rimata, obeso-oblonga, sat tumida, crassula, opacula, nitida ac lævigata; — spira oblonga, ad summum attenuata; — anfractibus 6 convexiusculis, regulariter ac sat celeriter crescentibus, sutura impressa separatis; — ultimo convexo, 1/3 altitudinis æquante; — apertura verticali, suboblique oblonga; — peristomate continuo, recto, acuto, intus vix incrassatulo, inferne leviter subpatulescente; — alt. 3, diam. 1, alt. ap. 1, lat. ap. 1/2 millim.

Cette espèce, la plus petite des Nematurelles, possède néanmoins, comme toutes les formes de ce genre, le retrait supéro-apertural, qui est également très prononcé et brusquement descendant.

KLECAKIA

Très petite coquille ressemblant, comme taille et comme forme générale, à la *Maresia dolichia* (1) de l'Algérie, mais en différant par des caractères tout à fait spéciaux.

Ouverture *détachée*, ovalaire dans une direction presque *transversale de droite à gauche*. Cette ouverture semble se développer *en travers du plan de l'axe*.

Dernier tour *détaché* et *descendant à l'insertion du bord externe*.

Fente ombilicale *s'étendant transversalement de gau-*

1. Voir l'*Hydrobia dolichia*, figurée pl. XIV, f. 25-27, dans ma malacologie de l'Algérie (II, 1864). J'ai créé le genre MARESIA, dans ma « Classif. familles, genres moll., syst. européen », p. 41, 1877.

che à droite, le long du contour supérieur du péristome.

Base de l'ouverture ne dépassant pas, comme chez les *Maresia*, la partie supérieure. Péristome *détaché, continu, composé de deux bords* (*tous les deux continus*) : 1° D'un *bord supérieur* obtus, patulescent du côté externe ; 2° d'un autre *bord inférieur*, *formant cercle autour du supérieur*, dont il est *séparé par un sillon assez profond.*

Je ne connais de ce nouveau genre, que je dédie au malacologiste Biagio Klecak, que l'espèce suivante :

Klecakia Letourneuxi.

Testa minutissima, transverse rimata, elongato-oblonga, leviter fusiformi, opacula, striatula ; — spira producta, fusiformi, ad summum attenuata ; apice obtusiusculo ; — anfractibus 6-7 convexiusculis (penultimus convexior), sat celeriter crescentibus, sutura impressa separatis ; — ultimo convexo in transversa directione (dextra ad sinistram) soluto ac ad insertionem labri valde descendente, 1/3 altitudinis æquante ; — apertura verticali, oblique oblonga in directione dextra ad sinistram, superne subangulata, inferne dilatata ; — peristomate continuo, duplicato, scilicet : *inferum* labium simulans ; *superum* lævigatum, nitidum, externe et ad basin aperturæ expanso-patulescens, ad convexitatem penultimi erectum ; — alt. 3, diam. 1, alt. ap. 1, lat. ap. 1/2 millim.

J'ai trouvé cette charmante espèce dans l'intérieur d'une bouche de Melanopside de Sinj.

Cette *Klecakia*, d'après le caractère de son péristome, porte, de même que les Nematurella, Stalioa, Fossarulus, etc., le cachet des formes de cette époque tertiaire.

FOSSARULUS

Ce genre, établi par Neumayr, adopté par Brusina, est une forte bonne coupe générique.

Les Fossarulus sont des Paludinidées (selon toute probabilité) dont le test est élégamment cerclé par de nombreuses carènes, chargées quelquefois d'une série de tubercules.

Le péristome, chez les espèces de ce genre, est surtout caractérisé.

Ce péristome, pour ainsi dire double, est taillé en biseau du dehors en dedans. Extérieurement, il forme une arête relevée, légèrement réfléchie, contre laquelle viennent buter les carènes, puis, à partir de cette arête, il offre un contour, taillé en biseau, épais, rugueux, irrégulièrement strié jusqu'au bord interne. Ce bord, toujours continu, bien poli en dedans, est saillant et ordinairement subpatulescent sur presque tout son contour. Ce péristome, enfin (caractère important!), est pourvu, à sa partie supéro-aperturale, d'une fente analogue à celle que l'on remarque chez certains genres de Cyclostomidées, comme chez les *Pupinella*, par exemple.

Cette fente, qui n'a jamais été bien observée, étroite parfois très profonde, s'étend de l'intérieur de la bouche jusqu'au point d'insertion du bord externe. Sur quelques individus, avec l'âge, elle s'encrasse et devient moins apparente.

Les Fossarulus peuvent se diviser :

1° En espèces à carènes simples.

A. — *Coq. allongée, plus ou moins fusiforme. Dernier tour peu développé en grosseur et dépassant faiblement l'avant-dernier.*

Fossarulus Letourneuxi,
— præclarus,
— pullus (1).

B. — *Coq. trapue, inférieurement ventrue. Spire conoïde, peu allongée. Tours étagés, augmentant beaucoup en grosseur, surtout le dernier, qui dépasse notablement le pénultième.*

Fossarulus tricarinatus (2),
— Brusinæ,
— Tripaloi,
— globosus,
— Crassei (3),
— turriculatus (4).

2° En espèces à carènes tuberculées.

Fossarulus Stachei (5),

1. Brusina. — Foss. Binn. moll., p. 56. pl. III, f. 12-14, 1874.
2. Brusina. — Mon. Emm. und Foss. in Zool. bot. gesell. Wienn., XX, 1870, p. 935, et Foss. binn., moll., p. 54, pl. 3, f. 11-12, 1874; et Sandberger, Conch. vorw., p. 674., pl. XXXII, f, 8-8'*b*, 1875.
3. Brusina, in Journ. Conch., 1878, p. 351.
4. Hydrobia turriculata Neumayr et Paul., Cong. Palud. Slav., p. 77, pl. IX, f. 17, 1875.
5. Neumayr, foss. binn. in Jahrb. K. K. Geol. Reich. XIX, 1869, p. 361, pl 12, f. 7.

Fossarulus diademätus,
— armillatus (1),
— moniliferus (2).

Sur ces treize espèces, je n'ai pas retrouvé parmi les Fossarulus de Sinj, les *Crassei*, *turriculatus*, *armillatus* et *moniliferus*; enfin, notamment les *pullus* et *tricarinatus*, spécialement signalés de cette localité par Brusina. Mais en revanche, le Dr Tripalo a recueilli les suivantes :

Fossarulus Letourneuxi.

Testa oblongo-elongata, solida, crassula, striata ac carinis tribus (quarum una supera circa suturam, alteræ medianæ) circumcincta; — spira elongata, acuminata ad summum obtusa; apice nitidissimo lævissimoque, valido, mamillato, supra leviter planulato sicut in speciebus Emmericiæ; — anfractibus 6 convexiusculis (quorum : supremi 2 (embryonalis lævissimus exceptus) striati; cæteri carinati (scilicet : antepenultimus obscure bicarinatus ; penultimus tricarinatus superneque circa suturam tectiformi-planulatus), regulariter crescentibus, sutura parum profunda separatis; — ultimo vix majore, convexo, externe penultimum vix præterlato, 1/3 altitudinis superante, superne ad insertionem labri ascendente, circa suturam tectiformi-planulato, ac tricarinato (carina supera validior); — apertura verticali, late ovata, externe rectiuscula, superne subelongulata ac profonde rimata; peristomate duplicato; scilicet : *externum* productum, subreflexiusculum; *internum* continuum, intus politum

1. Brusina, in Journ. Conch., 1876, p. 112.
2. Brusina, in Journ. Conch. 1876, p. 111.

ac subpatulum ; = alt. 9, diam. 4, alt. ap. 4, lat. ap. 3 millim.

Je dédie cette belle espèce à notre ami le conseiller Letourneux.

Fossarulus præclarus.

Testa elongata, exacte fusiformi, in medio tumidula, inferius leviter subattenuata, crassula, opaca, oblique striata ac carinis tribus (quarum una supera circa suturam ; alteræ medianæ) circumcincta ; — spira producta, in medio convexa, ad summum attenuata; apice valido, obtuso, submamillato, nitido ac lævissimo ; — anfractibus 6 leviter contortis, convexiusculis (quorum : embryonalis lævigatus ; secundus striatus; mediani 3 et 4 bicarinati ; penultimus tricarinatus), regulariter crescentibus ac descendentibus, sutura parum profunda separatis ; — ultimo mediocri, convexo, externe penultimum vix præterlato, 1/3 altitudinis æquante, superne ad insertionem labri descendente, circa suturam anguste planulato, non tectiformi sicut in Fossarulo Letourneuxi, tricarinato (carina supera validior et acutior) ; — apertura verticali, subrotundata, superne obscure angulata ac rimata ; — peristomate duplicato, scilicet : *externum* reflexiusculum ; *internum* continuum, politum, externe subpatulum, in convexitate penultimi expansum ; — alt. 9, diam. 4, alt. ap. 3, lat. ap. 2 3/4 millim.

Le *præclarus* est surtout caractérisé par un test fusiforme, atténué à ses extrémités ; par ses tours un peu tordus, par conséquent présentant une direction descendante très prononcée ; par son ouverture presque arrondie, etc.

Il se distingue, en outre, du *Letourneuxi* par sa spire

convexe vers la partie médiane, s'atténuant vers le sommet (celle du *Letourneuxi* est nettement acuminée); par sa croissance torse et descendante; par son dernier tour non ascendant à l'insertion du bord externe et offrant le long de la suture une zone très étroite plane et non tectiforme ; par son péristome interne plus dilaté du côté de la convexité de l'avant-dernier tour.

Chez cette espèce, les carènes sont plus saillantes, plus étroites et plus aiguës que celles du précédent, qui sont larges et émoussées.

On remarque quelquefois un rudiment d'une quatrième carène à la base du dernier tour.

Fossarulus Brusinæ.

Fossarulus Brusinæ, *Letourneux*, in Litt., 1880.

Testa globoso-conica, sicut scalariformi, solida, crassa, obsolete striatula ac carinis 3 vel 4 aut aliquando 5 (quarum una supera validior circa suturam; medianæ duæ et cæteræ inferæ, obsoletæ, sæpe subevanidæ) circumcincta; — spira parum producta, sat mediocri, subconica, ad summum obtusiuscula; apice obtuso, nitido, lævigato; — anfractibus 6 convexiusculis, quorum : embryonalis lævigatus ; secundus et tertius striati ; antepenultimus bicarinatus et penultimus bi-aut-tricarinatus), sat celeriter ac scalariforme gradatim crescentibus, sutura vix impressa separatis ; — ultimo dimidiam altitudinis æquante, ventroso, amplo, externe penultimum præterlato, superne ascendente, circa suturam tectiformi-planulato, multicarinato (carina una validior acutalis supera; duæ medianæ moriens ac una aut duæ inferiores subevanidæ); —

apertura verticali, subrotundato-ovali, externe convexa, ad basin subdilatata, superne angulata ac profunde rimata; — peristomate crasso, robusto, duplicato, scilicet; *externum* productum, subreflexiusculum; *internum* continuum, erectum, intus politum, externe patulescens: — alt. 9, diam. 5, alt. ap. 4 1/2, lat. ap. 3 1/4 millim.

Cette coquille, dédiée au professeur Brusina, ne peut être rapprochée que du *tricarinatus*, dont elle diffère notamment par son ouverture ovale-subarrondie, bien convexe et même un peu dilatée à la partie inférieure du côté externe (celle du *tricarinatus*, comprimée du côté externe, surtout à la partie inférieure, paraît ovale-allongée, avec un rétrécissement sensible à sa base); par son dernier tour dépassant notablement l'avant-dernier tour du côté dextre, ce qui n'a pas lieu chez le tricarinatus.

Le *Brusinæ* varie comme taille. Je connais des échantillons un tiers moins grands et moins forts que celui que je viens de décrire.

Fossarulus Tripaloi.

Fossarulus Tripaloi, *Letourneux*, in Litt., 1880.

Espèce voisine, comme forme générale, du *Brusinæ*, mais en différant par une spire plus élancée-conique; par des tours plus scalariformes; mais surtout par son dernier tour *très fort*, *très renflé*, *très porté du côté dextre* et *dépassant de beaucoup* l'avant-dernier.

Chez le *Tripaloi*, l'ouverture, très dilatée-arrondie vers la partie un peu inférieure du bord externe, anguleuse à la base columellaire, ainsi qu'à sa partie supérieure, où elle est pourvue d'une fente péristomale profonde, s'ouvre dans une *direction sensiblement oblique* de droite à gauche.

Ce Fossarulus (haut. 9, diam. 5 1/2 mill.) possède trois fortes carènes comme le tricarinatus.

Fossarulus globosus.

Nouvelle espèce, remarquable par sa forme écourtée, ventrue, ressemblant à une petite boule. Spire courte, brièvement conique. Test assez mince, finement strié, entouré de trois fortes carènes aussi fortes l'une que l'autre et montrant en dessous du dernier tour une série de 4 à 5 sillons (ou sous-carènes) plus ou moins accentuées. Cinq tours à croissance rapide ; les deux derniers relativement énormes et ventrus. Dernier tour plan-tectiforme autour de la suture et dépassant de un millimètre la hauteur totale qui n'est que de six. Ouverture ovalaire, assez dilatée à la base. Péristome ressemblant à celui des autres Fossarulus, mais plus délicat. Haut. 6, diam. 4, haut. ouv. 4, larg. ouv. 3 milllim.

Fossarulus Stachei.

Fossarulus Stachei, *Neumayr*, Foss. binn., in Jahrb. K. K. geol. Reich. XIX, 1869, p. 361, pl. 12, f. 7; — et *Brusina*, Mon. Emm. un Foss, in Verhand. d. K. K. Zool. Bot. Gesell., in Wien. XX, 1870. p. 934; — et Foss. binn. Moll., p. 53, 1874.

Ce magnifique Fossarulus a été trouvé dans les dépôts de Sinj, par notre ami le conseiller Letourneux.

Fossarulus diadematus.

Le *diadematus* se distingue du *Stachei* par sa taille un tiers moins forte, par sa forme plus globuleuse, par sa spire courte, plus brièvement conique, par ses tours plus ventrus, par son ouverture plus arrondie, dont la hauteur dépasse la moitié de la longueur totale.

Chez notre nouvelle espèce, un des plus beaux Fossarulus que je connaisse, le dernier tour possède, sur sa partie médiane, quatre carène *tuberculées*, et, sur son contour inférieur, trois autres carènes *simples*, plus délicates.

Les tubercules de la carène supérieure *au lieu de s'élever isolément*, comme de petites perles, *se réunissent aux tubercules de la seconde carène par un fort sillon.* Ils présentent la disposition des tubercules de la *Melania ricinus* de Neumayr (Cong. Palud. Slav., pl. VII, f. 34, 1875). Seulement, chez cette Mélanie, les tubercules des quatre carènes sont réunies, tandis que chez notre *diadematus*, il n'y a que les tubercules des deux carènes supérieures qui le sont. Ceux des deux autres carènes inférieures restent isolés comme chez le Stachei.

PROSOSTHENIA (1).

Les Prososthénies sont de petites coquilles qui, à première vue, ressemblent à des Rissoina.

Chez les Prososthénies, le péristome continu est, lorsqu'on l'examine avec soin, également double, bien qu'il ne le paraisse pas. Chez les espèces de ce genre, en effet,

1. Neumayr, 1869 et Brusina, 1874.

le bord externe arrive au même niveau que l'interne et ne semble faire qu'un avec lui ; de sorte que le péristome, au lieu d'être taillé en biseau comme celui des Stalioa ou des Fossarulus, offre ses deux arêtes sur le même plan.

En outre, le péristome prend, à la partie supérieure de l'ouverture, un grand encrassement, et, sur cet encrassement, de forme triangulaire, on remarque, comme chez les Fossarulus, une petite fente qui le sépare en deux. Chez les Nématurella, cette fente, ainsi que je l'ai constaté, est remplacée par une arête.

Le dernier tour, chez les espèces de ce genre, ne se détache pas au point d'insertion, il descend d'aplomb.

Il y a, à ma connaissance, onze Prososthénies connues (1) les Suessi, crassa, nodosa, tryonopsis, Schwarzi, cincta, elegans, apleura, Drobraciana, Tournoueri et decipiens. Toutes ont été signalées dans les dépôts tertiaires de la Dalmatie, de la Grèce et de la Turquie d'Europe ; une, notamment la *decipiens*, a été mentionnée à Sinj. Or, je n'ai justement pas trouvé cette espèce parmi mes fossiles, mais en échange j'ai reconnu deux autres Prososthénies qui n'y avaient pas encore été récoltées, qui sont les :

Prososthenia Tournoueri.

Prososthenia Tournoueri, *Brusina*, Foss. binn. Moll. Dalm., p. 52, pl. III, f. 9, 1874.

Tryonia Tournoueri, *Sandberger*, Conch. Vorwelt, p. 672, pl. 31, f. 15-15a, 1874.

1. Je ne puis admettre dans ce genre la *Prososthenia reticulata* de Burgestein (Jahrb. D. K. K. Geol. Reich. XV, p. 246, pl. III, f. 7).

Prososthenia Drobraciana.

Prososthenia Drobraciana, *Brusina*, Foss. binn. Moll. Dalm., p. 52, pl. III, f. 7-8, 1874.

Cette espèce paraît bien plus abondante que la précédente.

PAULOVICIA.

Paulovicia, *Letourneux*, in Litt. 1880.

Ce nouveau genre, que notre ami le conseiller A. Letourneux a établi en l'honneur du comte Paulovic de Verlika, a pour type une très petite espèce de toute beauté.

Cette espèce de forme oblongue-acuminée est caractérisée par des tours ornés de côtes énormes pour la taille de la coquille.

Ces côtes situées, comme chez les *Scalaria*, les *unes au-dessous des autres*, grosses, élevées, *comprimées*, *s'étendent transversalement sur toute la hauteur des tours.* Entre chacune d'elles, qui sont très espacées (on en compte 8 sur le dernier, 10 sur l'avant-dernier, etc.), s'ouvre un *espace profond*, *concave*, qui augmente en largeur au fur et à mesure que ces espaces sont plus rapprochés de l'ouverture. Ces côtes, que l'on croirait modelées par suite d'une compression résultant d'une pression entre le pouce et l'index, larges à leur base, tranchantes à leur sommet, offrent un contour aussi convexe que celui des tours.

L'ouverture est, en outre, caractérisée par un péristome continu, *large*, *épais*, *bien évasé du côté externe, également double*, ainsi que ceux de presque tous les genres fossiles de cette localité. Ce péristome diffère néanmoins de ceux-ci, en ce sens que le *bord interne, en s'évasant, prend autant d'extension que le bord externe*, qui, par suite de cette circonstance, est *presque entièrement recouvert et semblerait ne faire qu'un, s'il n'était pas séparé du supérieur par un sillon circumapertural.*

A sa partie supérieure, ce péristome ne présente pas de fente, comme chez les Fossarulus et les Prososthenia, ni d'arête comme chez les Nematurella.

Paulovicia Bourguignati.

Paulovicia Bourguignati, *Letourneux*, in Litt. 1880.

« Testa minutissima ac elegantissima, oblongo-acuminata, opacula, crassula, lævigata et costis transversis, validissimis, valde productis, compressis, superne acutis, maxime distantibus, ornata ; — spira acuminata ; — anfractibus 6 tumido-rotundatis, regulariter crescentibus, sutura impressa separatis ; — ultimo rotundato, superne ad insertionem labri breviter descendente, 1/3 altitudinis æquante ; — apertura verticali, oblique semirotundata, ad convexitatem penultimi oblique dextræ ad sinistram rectiuscula, externe bene rotundata ; — peristomate continuo, crasso, duplicato, in margine externo late expanso, ad basin columellæ angulato, superne ad insertionem labri soluto ; — alt. 3, diam. 1 1/2, alt. ap. 1, lat. ap. 1/2 millim.

Cette superbe petite espèce, que notre ami le conseiller a bien voulu nous dédier, paraît rare dans les dépôts de Ribaric. Mais elle est si petite, qu'il ne doit pas être facile de la recueillir.

MELANOPTYCHIA.

Cette coupe générique a été établie par Neumayr (Tert. binn. Moll. Bosnien, in Jahrb. d. K. K. Geol. Reichs, XXX, 1880, p. 480) pour deux espèces (Bittneri et Mojsisovicsi) caractérisées par une lamelle columellaire saillante se contournant sur l'axe et se continuant extérieurement sous la forme d'une arête inféro-circumombilicale. Chez les vraies Mélanopsides, la columelle ne possède ni pli ou lamelle columellaire, ni enfin d'arête saillante externe, comme on peut s'en convaincre en examinant la *buccinoidæa* d'Olivier, pour laquelle le genre Melanopsis a été créé par Daudebard de Ferussac fils, dans l'*essai d'une méthode conchyliologique* (p. 70), de Daudebard (père), publié en 1807.

Lorsqu'on étudie avec soin toutes les Mélanidées fossiles de la vallée de la Cettina, on reconnaît que le plus grand nombre des formes de ces dépôts possèdent, presque toutes, soit une lamelle, soit un rudiment tuberculeux à la columelle et que cette lamelle ou ce rudiment (bien qu'il y ait interruption dans la plupart des cas) ne forme pas moins un tout avec l'arête inféro-externe qui se profile sur la partie extérieure de l'axe.

Melanoptychia Panciciana.

Melanopsis Panciciana, *Brusina*, Foss. binn. Moll. Dalm., p. 44, pl. 1, f. 11-12, 1874.

Grande et belle espèce, peu abondante. Chez la Panciciana, la lamelle est souvent si émoussée, par suite de l'encrassement du bord columellaire qu'elle paraît peu sensible; mais, sur les échantillons jeunes, elle est assez prononcée.

Melanoptychia Dalmatina.

Melanoptychia Dalmatina, *Letourneux*, in Litt. 1880.

La *Dalmatina* ressemble beaucoup, comme forme et comme disposition de côtes et de tubercules (sauf que ceux de la *Dalmatina* ne sont pas épineux), à la Melanopsis Sturii de Fuchs (Brit. foss. binn. f., in Jahr. d. K. K. geol. Reichs., XXIII, 1873, p. 21, pl. VI, f. 18). Cette espèce a également des rapports de ressemblance avec la Zitteli de Neumayr (in Jahrb. d. K. K. geol. Reichs., XIX, 1869, p. 357, pl. XI, f. 4-5), dont elle ne diffère guère que par la disposition de ses zones de tubérosités. Chez la Zitteli, les zones sont au nombre de trois, une supérieure et deux inférieures. Chez la *Dalmatina*, il n'y a que deux zones supérieures.

Melanoptychia acanthica.

Melanopsis acanthica, *Neumayr*, Beit. foss. binn. Moll. in Jahrb. d. K. K. geol. Reichs., XIX, 1869, p. 357, pl. XI, f. 6-7.

Espèce peu abondante. L'arête inférieure se continue sur la callosité du bord columellaire d'une façon très prononcée.

Melanoptychia acanthicula.

Coq. moitié plus petite que la précédente (haut. 15-17, diam. 5-6 millim.), à peu près de même forme, néanmoins ornée de nodosités plus saillantes et de côtes plus fortes, plus distantes sur le dernier tour et se prolongeant jusqu'à la base. Arête inférieure filiforme, saillante, se continuant sur la callosité où l'on remarque un renflement émoussé. Ouverture relativement moins haute, plus large. Columelle plus courte, plus arquée. Test orné de très nombreuses linéoles étroites, jaunacées, fulgurantes à la partie supérieure et se dirigeant en sens inverse des côtes à la partie inférieure.

Melanoptychia pleuroplagia.

Petite espèce (haut. 9, diam. 5 mill.) ventrue, à spire courte et conique. Dernier tour égalant la moitié de la hauteur. Canal de la troncature très profond, oblique de droite à gauche. Arête inférieure filiforme se continuant sur la callosité. Ouverture oblongue, contractée en haut et en bas. Test complètement orné de très grosses côtes saillantes, obliques de droite à gauche. Chacune de ces côtes est binoueuse à sa partie supérieure.

Cette belle espèce ne peut se rapprocher que de la *plicatella* de Neumayr (tert. binn. Moll. Bosnien, in Jahrb. d. K. K. geol. Reichs., XXX, 1880, p, 477, pl. VII, f. 2), dont elle ne diffère que par sa spire conique et non obtuse, par ses tours *tous* costulés (chez la *plicatella*, les supérieurs sont lisses), enfin par ses côtes plus obliques sur le dernier tour que ceux de la plicatella.

Melanoptychia lyrata.

Melanopsis lyrata, *Neumayr*, Beit. foss. binn. fauna, in Jahrb. d. K. K. geol. Reichs., XIX, 1869, p. 358, pl. XI, f. 8.

Les échantillons de Sinj et de Ribaric se rapportent bien à la lyrata de Neumayr. Brusina (foss. binn. Moll. Dalm., p. 44, 1874) divise cette espèce en deux séries : en *cylindracea* pour la forme cylindrique-allongée (qui est le type), et en *misera* pour une forme écourtée, qui me semble spéciale.

Melanoptychia misera.

Melanopsis lyrata, *Var.* misera *Brusina*, foss. binn. Moll. Dalm., p. 45, 1874.

Forme constante, plus courte, plus ventrue, moins cylindrique, mais ovalaire. Lamelle columellaire plus saillante, se continuant ordinairement avec l'arête de la base du dernier tour. La seconde ligne de nodosités est moins saillante ; le plus souvent, elle fait défaut.

Melanoptychia inconstans.

Melanopsis inconstans, *Neumayr*, Beit. foss. binn. in Jahrb. d. K. K. geol. Reichs. XIX, 1869, p. 356, pl. X, f. 9-18.

Cette espèce est bien nommée, car ses costulations varient beaucoup. De saillantes et de fortes, comme celles de la *geniculata*, elles deviennent peu à peu moins volumineuses, moins écartées, au point de finir par s'émousser presque entièrement sur le dernier tour. On pourrait, à la rigueur, caractériser 4 ou 5 variétés qui paraissent assez constantes et assez communes aux environs de Sinj. Brusina divise cette espèce en trois séries : en costulata (pour le type); en nodulosa et en plicatula.

Melanoptychia camptogramma.

Melanopsis Camptogramma *Brusina*, in Journ. conch „ p. 109, 1876.

Très abondante dans les dépôts des environs de Sinj.

Melanoptychia Lanzeana.

Melanopsis Lanzeana, *Brusina*, foss. binn. Moll. Dalm., p. 34, 1874. (Pygmæa de Neumayr non Partsch.)

Environs de Ribaric, peu commune.

Melanoptychia pterochila.

Melanopsis pterochila, *Brusina*, foss. binn. Moll. Dalm., p. 30, pl. I, f. 5-6, 1874.

Lamelle columellaire médiane, ressemblant à un renflement émoussé. — Peu abondante.

Melanoptychia Mojsisovicsi.

Melanoptychia Mojsisovicsi, *Neumayr*, tert. binn. Moll. Bosnien, in Jahrb. d. K. K. Geol. Reichs., XXX, 1880, p. 481, pl. VII, f. 9-10.

Echantillons bien semblables à celui représenté par Neumayr, en différant seulement par une lamelle moins saillante.

MELANOPSIS

Parmi les fossiles de la vallée de la Cettina, j'ai reconnu un assez grand nombre de Mélanopsides, telles que :

1° La Melanopsis tenuiplicata de Neumayr, tert. binn. Moll. Bosn. in Jahrb. d. K. K. Geol. Reichs., XXX, 1880, p. 477, pl. VII, f. 4.

2° La Melanopsis Sandbergeri, de Neumayr. in Jahrb. d. K. K. Geol. Reichs., XIX, 1869, p. 372, XIII. f. 5.

3° Puis toute une série d'espèces du groupe de la précédente que les auteurs ont publiées sous les appellations erronées de præmorsa, Esperi, acicularis, etc., et regardées comme semblables aux espèces vivantes que je viens de citer.

4° Enfin, trois belles espèces nouvelles qui méritent d'être caractérisées : l'une (Tripaloi) du groupe de la geniculata ; les deux autres (Klecakiana et Paulovici) d'un groupe particulier que je n'ai pas encore vu représenter.

Melanopsis Tripaloi.

Très jolie espèce, caractérisée par de très fortes côtes étagées les unes sous les autres, comme chez les Scalaria, et augmentant en taille et en grosseur jusqu'à l'ouverture, où elles deviennent si grosses et si volumineuses qu'elles paraissent comme de très fortes nodosités tuberculeuses. Chacune de ces côtes sont également distantes les unes des autres, et chaque distance augmente insensiblement et régulièrement jusqu'au péristome. Test brillant, d'un blanc mat, lisse et poli. Spire allongée, conique, à sommet aigu. Neuf tours convexes à croissance lente et régulière, séparés par une suture linéaire. Les deux premiers tours lisses, les autres fortement costulés. Dernier tour (haut. 5 mill.) n'égalant pas la moitié de la hauteur, qui est de 12 millim. Ouverture subtétragone, terminée à la base par une troncature, canaliforme, très allongée. Columelle courte, très arquée. Callosité épaisse.

Cette espèce, que je dédie au Dr Tripalo, ne peut être rapprochée que de la Melanopsis geniculata de Brusina (Foss. binn. moll. Dalm., p. 40, pl. I, f. 9-10), dont elle diffère par sa taille plus grande (haut. 12, diam. 6. — La *geniculata* n'a que 8 sur 5 de diamètre); par ses côtes moins distantes, moins obtuses et moins fortes sur les tours supérieurs ; par sa spire plus acuminée, non scalariforme (chez la *geniculata* le maximum de la convexité, ainsi que les nodosités, se trouvent à la partie supérieure des tours, ce qui donne à cette coquille une apparence scalaire. Chez la *Tripaloi*, la convexité et les nodosités sont bien médianes) ; par son ouverture subtétragone et non trigonale comme celle de la geniculata. Chez celle-ci, en effet, l'ouverture, par suite de la convexité portée à la partie supérieure des tours, a l'aspect d'un triangle dont l'angle le plus aigu est à la base. Le bord columellaire rectiligne paraît descendre d'aplomb. Le bord supérieur court est presque plan jusqu'à l'angle de la convexité, et, de ce point, le bord externe descend obliquement de droite à gauche en rétrécissant l'ouverture jusqu'à la base de la troncature. Chez la *Tripaloi*, le bord supérieur est descendant jusqu'à l'angle de la convexité, qui est médiane, et le bord columellaire, par suite de sa forme très arquée, donne lieu à un angle très prononcé. Ainsi, il y a, chez la Tripaloi, quatre angles : un supérieur, un autre inférieur, un troisième au milieu de la columelle, enfin un quatrième à la partie médiane du bord externe. Chez la *geniculata*, ce dernier angle se trouve reporté plus haut, et celui du bord columellaire n'existe pas.

Melanopsis Klecakiana.

Charmante espèce de taille médiocre (haut. 11, diam. 5 millim.), de forme ovalaire, à spire conoïde et à test mince, délicat, très finiment strié; enfin, orné de la façon la plus élégante de *deux rangées de nodosités épineuses*, l'une le long de la suture, l'autre un peu en dessous. La rangée supérieure forme une *arête continue* sur laquelle s'élèvent les épines. La seconde consiste en une série d'épines isolées, également distantes les unes des autres. Spire acuminée, à sommet très petit. Huit tours plans (les supérieurs sans nodosités), à croissance lente et régulière, séparés par une suture presque linéaire. Dernier tour oblong-convexe, égalant la moitié de la hauteur, à surface lisse ou très finiment striolée, sauf à la partie supérieure où se trouvent les deux rangées épineuses, et à sa base, vers l'axe columellaire où se montre une arête obtuso-anguleuse qui aboutit à la troncature. Ouverture verticale, étroite, oblongue-allongée et rétrécie à ses extrémités. Bord externe peu convexe. Bord columellaire très calleux, peu arqué, présentant un contour identique à celui du bord externe.

Je dédie cette mélanopside au malacologiste dalmate Biagio Klecak.

Melanopsis Paulovici.

Cette autre espèce, à laquelle j'attribue le nom du comte Paulovic de Verlika, qui en a fait la découverte, est caractérisée par une forme petite (haut. 7, diam. 2 1/2 millim.), moins large, plus effilée ; par un test orné également de deux séries de nodosités épineuses à la partie supérieure des tours; seulement, chez cette coquille, les nodosités se trouvent placées sur des côtes qui, à partir du quatrième tour, coupent dans le sens de leur hauteur et dans une direction légèrement oblique de droite à gauche, les cinq derniers tours en s'étageant les uns au-dessous des autres, comme chez les Scalaria. Ainsi, les côtes ont l'air de descendre sans interruption à partir du quatrième jusqu'à sa partie médiane du dernier tour, où elles disparaissent presque complètement. Spire aiguë, allongée, délicate. Neuf tours plans à croissance lente et à suture linéaire. Ouverture très étroite, très allongée, se terminant inférieurement par une troncature qui se prolonge en forme de rostre.

NERITIDÆ

J'arrive maintenant aux espèces de la famille des NERITIDÆ.

Je dois avouer que je ne connais pas une *seule* vraie Néritine des dépôts de la Cettina. J'ajouterai, de plus, qu'à mon sens, la plupart des formes tertiaires de la Dalmatie, de la Grèce et de la Turquie d'Europe, ainsi que celles des bassins de la Save, de la Drave et du Danube, publiées sous l'appellation de *Neritina*, n'appartiennent pas à ce genre. Toutes celles, en effet, dont j'ai pu étudier les diagnoses ou examiner les figures, m'ont paru des espèces d'eaux salées ou saumâtres des genres Gaillardotia et Tripaloia. J'en excepte toutefois la singulière *Neritina Neumayri* des environs d'Ueskueb, en Macédoine, publiée par Burgerstein (Brit. Kennt. Jungtert. Sussw., dep. bei Ueskueb., in Jahrb. d. K. K. geol. Reich., XVII, p. 247, pl. III, f. 8-12). Cette belle espèce, caractérisée par trois carènes obtuso-anguleuses occupant toute la hauteur du dernier tour, et dont l'inférieure est armée de spinules; par une paroi surchargée d'une callosité fortement tuberculeuse, et entourée, vers son contour inféro-sénestre, d'une fente ombilicale bien limitée, analogue à celle des Saint-Simonia, et rappelant celle des Lacunopsis du Cambodge, pourrait très aisément servir de type à une nouvelle coupe générique pour laquelle je propose le nom de BURGERSTEINIA.

GAILLARDOTIA

Gaillardotia (1), *Bourguignat*, classif. familles et des genres de mollusques terrestres et fluviatiles du système européen. P. 49, 1877.

Les Gaillardoties, classées par les auteurs tantôt parmi les *Nerita*, tantôt parmi les *Neritina*, sont de petits mollusques qui vivent dans la mer, sur le bord des côtes, ou le plus souvent à l'embouchure des fleuves, ou bien dans les relais marins ou les étangs saumâtres. Quelquefois ils habitent dans des lacs d'eau douce. Mais, à l'origine, ces lacs ont été salés, puis saumâtres.

Les Gaillardoties sont caractérisées par une coquille *globuleuse-sphéroïdale*, rarement transversale; par une paroi septiforme *toujours très encrassée et plus ou moins denticulée*, ou lorsqu'elle ne l'est pas, *toujours*

1. En l'honneur du Dr Gaillardot, médecin en chef de l'hôpital d'Alexandrie (Égypte).

sillonnée de rides crispulées plus ou moins accentuées ; par *une fente*, ou rimule, *séparant la paroi* ou septum *du bord supérieur du péristome;* par une ouverture *pourvue vers la base du bord externe d'une lamelle palatale* plus ou moins forte, suivant les espèces, ou, en tout cas, d'un *repli saillant faisant fonction de palatale*, quelquefois contourné, anguleux, rectiligne ou seulement tuberculeux.

Or, chez les Neritina européennes, qui doivent s'appeler *Theodoxia* (voir ma classification des familles, etc.), les espèces *sont toutes d'eau douce;* le test est *transversal*, rarement globuleux ; la paroi septiforme est *toujours lisse, rectiligne, sans denticulation ni crispulation;* la fente, ou rimule, *est nulle;* enfin, la *lamelle palatale n'existe pas.*

Je connais actuellement une douzaine de Gaillardoties *vivantes* des contrées qui dépendent du système européen. A l'état fossile, j'en ai distingué un grand nombre, que je ne m'amuserai pas à énumérer. Je dirai seulement que les *Neritina capillacea, amethystina, nivosa* de Brusina (Foss. binn. Dalm., 1874) me paraissent des Gaillardoties, et que la *Sinjiana* (Brusina, in Journ. conch., p. 113, 1876) des mêmes dépôts de Sinj n'appartient point à ce genre.

Quatre espèces ont été recueillies à Sinj et à Ribaric ; je n'ai pu les rapporter à aucunes publiées dans les ouvrages. Elles peuvent se grouper de la manière suivante :

1° Coq. allongée-pyramidale dans une direction oblique de gauche à droite. Spire élevée. Suture très descendante. Deux espèces, une grande (*Tripaloi*) et une petite (*Paulovici*).

2° Coq. globuleuse-sphérique. Suture à peine descendante. Spire convexe, peu accentuée (*Calvertiana*) ou ulle (*perobtusa*).

Gaillardotia Tripaloi.

Gaillardotia Tripaloi, *Letourneux*, in Litt., 1880.

Testa globoso-pyramidata, tumida, opaca, crassa, nitida, eleganter striatula, sæpius decolorata, aliquando uniformiter rufa aut rarius rufo-lineolata ; — spira convexa, sat producta ; — anfractibus 4 celerrime crescentibus, sutura inter superiores lineari, inter ultimos impressa ac ad aperturam valde descendente separatis ; — ultimo permaximo, oblongo in directione oblique transversa, in initio globoso-rotundato, ad aperturam minus convexo ; — apertura semirotundata, altiore quam latiore, intus ad partem inferiorem unilamellata et aliquando ad basin septi canaliculata ; — peristomate recto, acuto, inferne validiore, cum labio septiforme conjuncto, superne e labio rimula separato ; — labio valde incrassato, gibboso, mediane sat crispulato, in margine aperturali sæpe denticulato, inferne prope peristoma concaviusculo ac bicrispato ; — alt. 10, diam. max. 9 millim.

Espèce remarquable par sa spire élevée, très convexe ; par son dernier tour se développant dans une direction descendante obliquement transversale, très ventru à son origine, puis devenant moins renflé vers l'ouverture ; par sa suture très descendante ; par sa paroi septiforme très gibbeuse et dont la gibbosité, bien médiane, est régulièrement convexe.

Gaillardotia Paulovici.

Gaillardotia Paulovici, *Letourneux*, in Litt., 1880.

Coquille semblable, comme forme générale et comme

élévation spirale, à la *Tripaloi*, mais en différant essentiellement :

Par sa petite taille (haut. 6, diam. 6 mill.);

Par son test orné de linéoles transversales, brunes, irrégulières, plus ou moins tremblotées ;

Par sa spire aplatie au sommet et dont le tour embryonnaire n'est pas saillant, comme celui de l'espèce précédente;

Par son dernier tour plus allongé dans le sens transversal, puisque le diamètre de cette coquille est égal à sa hauteur ;

Par sa paroi septiforme, non régulièrement gibbeuse à sa partie médiane, mais présentant, au contraire, sa plus grande gibbosité sur le contour externe et offrant à sa partie médiane une surface plane, taillée en biseau et inclinée sur l'ouverture.

Chez la *Paulovici*, espèce dédiée au comte Paulovic de Verlika, on remarque sur la paroi septiforme : 1° à sa partie supérieure, une rimule ; 2° à sa partie inférieure une concavité *simple*, non crispée ; 3° sur la surface médiane, de fortes crispulations qui ressemblent à des rides. L'ouverture possède aussi une lamelle palatale, seulement celle-ci me semble moins inférieure que celle de la Tripaloi.

Gaillardotia Calvertiana.

Coq. presque sphérique, aussi haute que large (haut. et diam. 8 millim.), à test épais, brillant, orné d'une multitude de très fines linéoles brunâtres et fulgurantes. Spire convexe-arrondie, peu saillante, à sommet non poéminent. Trois tours, à croissance très rapide. Suture linéaire, à peine descendante. Dernier tour très ventru, peu transverse, bien convexe-arrondi, légèrement comprimé vers la suture. Ouverture semi-sphérique, avec une lamelle palatale inférieure ressemblant à un tubercule allongé. Péristome aigu, épaissi à la base et se continuant avec la gibbosité, séparé, à sa partie supérieure, de la paroi septiforme, par une rimule accentuée. Paroi septiforme, régulièrement convexe (convexité maximum bien centrale), gibbeuse, cependant bien moins bombée, moins encrassée que celle de la *Tripaloi*, et offrant une surface sillonnée de nombreuses rides crispées formant de légères denticulations. Concavité inférieure *simple*, peu profonde et assez mal limitée.

Cette espèce, dédiée à M. Henri Calvert, consul anglais, à Alexandrie (Egypte), se distingue des deux précédentes par sa spire moins haute, plus régulièrement convexe ; par son dernier tour plus court, plus arrondi, moins transversalement allongé ; par sa paroi médiocrement encrassée et peu gibbeuse ; par sa suture linéaire à peine descendante vers l'ouverture, d'où il résulte que, du point d'insertion du bord externe à la pointe apicale, la distance est courte en comparaison de celle de la Tripaloi et même de la Paulovici. Ainsi, il y a 2 1/2 chez la Calvertiana, 4 chez la Tripaloi et 2 1/2 chez la Paulovici. Seulement je ferai observer que, proportion gardée, la distance est aussi grande chez cette dernière, à cause de sa petite taille, que chez la Tripaloi.

Gaillardotia perobtusa.

Cette espèce ne peut être rapprochée que de la *Calvertiana*, dont elle a à peu près la taille, le port et l'aspect ;

seulement chez celle-ci, la spire *non saillante, complètement nulle,* est remplacée par une légère convexité arrondie. Vue en dessus, la croissance spirale, d'abord *très serrée*, prend subitement un grand développement à partir du dernier tour. Cette atrophie de la spire fait paraître cette coquille plus globuleuse et plus sphérique. La paroi septiforme, sillonnée de fortes rides qui donnent naissance à de petites denticulations, est plus gibbeuse et plus fortement encrassée que celle de la précédente. Cette gibbosité, de plus, paraît souvent comme chagrinée en sens inverse de la direction des rides. La concavité inférieure de la paroi est un peu moins prononcée ; enfin, le pli palatal est plus accentué.

CALVERTIA

Ce nouveau genre, que je me fais un plaisir de dédier à M. Henry Calvert, malacologiste zélé et consul anglais à Alexandrie (Egypte), est des plus singuliers.

Il se distingue par *une paroi septiforme fortement échancrée en demi-lune à sa partie inférieure et ornée à la base de cette échancrure, qui forme arc de cercle, d'un tubercule isolé, saillant, quelquefois surmonté d'une pointe acérée.*

Cette échancrure, dont *la tranche aiguë est intérieurement taillée en biseau, occupe en hauteur la moitié de la paroi septiforme.*

Comme aspect, les Calverties ressemblent aux *Tripaloia*, dont je parlerai bientôt.

Ils possèdent également, comme les Gaillardoties, des rides tremblotées sur la paroi et une rimule supérieure.

Seulement, la concavité de la partie inférieure paraît faire défaut. Je ne l'ai remarqué que sur une espèce. Enfin, l'ouverture des Calverties est aussi pourvue d'une lamelle palatale. Cette lamelle se trouve située, chez ce genre, *en arrière du tubercule de l'échancrure*, et, *entre cette lamelle et ce tubercule, on remarque une légère dépression canaliforme.*

Je connais trois espèces de Calverties.

Calvertia Letourneuxi.

Testa transverse subtriangulari-rotundata, supra planiuscula, dorso convexa, opaca, nitida, argute striatula, lineolis rufo-cinereis irregulariter flexuosis, transverse picta ; — spira compressa, fere complanata ; apice minutissimo, prominente ; — anfractibus 3 pervelociter crescentibus (quorum superiores minutissimi), sutura impressa separatis ; — ultimo permaximo, fere totam testam efformante, in principio compresso subangulatoque ac oblique subtectiformi-descendente, ad aperturam valde dilatato, convexo, superne ad insertionem labri breviter lenteque descendente ; — apertura semirotundata, altiore quam latiore, intus ad partem inferiorem unilamellata , — peristomate fere circulari, dextrorse recto acutoque, inferne validiore ac obtuso et cum labio septiforme conjuncto, superne e labio rimula separato ; — labio candido, nitidissimo, subplanulato ac mediane crispulato, ad marginem crassiore, inferne prope peristoma leviter concaviusculo, intus recte descendente usque ad medianam partem, deinde subito valde lunato et ad basin distincte tuberculoso ; — alt. 7, diam. 8 millim.

Calvertia Klecakiana.

Coquille plus oblongue dans le sens transversal, d'une taille moindre, à spire un peu plus saillante. Trois tours séparés par une suture plus accentuée et assez fortement descendante vers l'ouverture. Dernier tour oblong, peu dilaté et d'une convexité dorsale plus prononcée. Ouverture semi-arrondie, plus large, et moins haute que celle de la précédente. Péristome mince et aigu du côté externe, plus large et plan inférieurement, séparé supérieurement de la paroi septiforme par une fente un peu plus large, mais un peu moins profonde. Paroi encrassée et bombée sur son contour, puis formant un pan coupé obliquement plan, sur lequel on remarque quelques petites crispulations à peine sensibles. Echancrure très grande, mais moins profonde et moins exactement convexe. Tubercule inférieur plus saillant et plus aigu. Lamelle palatale comprimée, plus courte, en arrière du tubercule et donnant lieu entre elle et le tubercule à un sillon canaliforme. Haut. 5, diam. 7 millim.

Les linéoles du test sont un peu plus larges, plus espacées et moins irrégulières que celles de la Letourneuxi.

Calvertia Brusiniana.

Calvertia Brusiniana, *Letourneux*, in litt., 1880.

Coquille encore plus petite que les deux précédentes, plus courte, plus arrondie, presque plane en dessus, avec un dernier tour subanguleux, surtout à son origine. Trois tours, dont l'embryonnaire non proéminent. Suture linéaire, un peu descendante et plus prononcée vers l'ouverture. Paroi septiforme encrassée, légèrement bombée, sillonnée par de nombreuses crispulations transverses tremblotées. Echancrure profonde, dont le cintre, au lieu d'être médian, s'accuse nettement à la partie inférieure. Cette partie inférieure est limitée par un tubercule acéré, très proéminent, dont la pointe regarde l'angle supérieur de l'échancrure. Lamelle palatale assez loin dans l'intérieur, en arrière du tubercule. Ouverture semi-arrondie, relativement très grande. Péristome aigu, plus épais inférieurement, plan et ne faisant qu'un avec la callosité de la paroi, et, à la partie supérieure, séparé de cette paroi par une fente relativement large et bien accusée. Haut. 4, diam. 5 millim.

Chez cette Calvertie, les linéoles larges, écartées, subissent une inflexion marquée à l'endroit de la partie anguleuse du dernier tour.

PETRETTINIA

Nouvelle coupe générique à laquelle j'attribue le nom de l'ingénieur Petrettini d'Alexandrie.

Coquille ressemblant, comme forme générale, à une Gaillardotia, mais s'en distinguant essentiellement par une paroi septiforme très gibbeuse offrant : 1° *à sa partie supérieure une profonde échancrure* TRIANGULAIRE ; et, 2° *à sa partie inférieure, une seconde échancrure* CINTRÉE, *mais moins profonde que celle des Calverties.*

Cette paroi septiforme, *très bombée*, est couverte, à sa partie médiane, de fortes rides qui s'étendent jusqu'à la tranche pariétale et forment des rudiments de denticulation.

La grande échancrure *triangulaire* de la partie supérieure laisse voir la convexité de l'avant-dernier tour. Or, sur cette convexité, on remarque une *profonde dépression rectangulaire*, ressemblant à une impression musculaire d'Unios, dépression dont je ne puis m'expliquer l'usage.

La partie supérieure de la paroi est séparée du bord péristomal par une large et profonde rimule.

L'ouverture, de forme irrégulière, grâce aux deux échancrures de la paroi, est pourvue à sa partie inférieure d'un tubercule allongé, faisant fonction de palatale.

Je ne connais de ce genre que l'espèce suivante :

Petrettinia Letourneuxi.

Testa transverse globosa, dorso convexa, opaca, solida, argute striatula, decolorata aut uniformiter rufa ; — spira prominula (apice eroso) ; — anfractibus 3-4 celeriter crescentibus, sutura sublineari, in ultimo impressa ac valde descendente separatis ; — ultimo transverse maximo, tumido, ad marginem aperturæ minus convexo ; — apertura irregulari, intus inferne tuberculosa ; — peristomate continuo, recto, obtuso, superne e labio magna rimula separato, inferne crassiore, robusto, cum labio conjuncto ac in sulco lineari usque ad insertionem labri externi prolongato ; — labio valde gibboso, convexoque et crispulato ac in margine aperturali subdenticulato, superne profunde in triangulari forma lunato, inferne in arco sinuato ; — alt. 6, diam. 7 millim.

SAINT-SIMONIA

J'aurais désiré inscrire ce genre que je dédie à notre ami, Alfred de Candie de Saint-Simon, auteur d'un grand nombre de travaux conchyliologiques, sous un seul nom, celui de *Simonia*. Mais, il existe un genre d'Arachnides sous cette appellation. De plus, il y a des noms que l'on ne peut diviser sans les dénaturer complètement. Tels sont les noms de Milne-Edwards, de Mac-Andrew, etc. Les deux mots, dans ces sortes de noms, forment un tout. On ne peut supprimer le premier, sans détruire le sens, le caractère du nom tout entier. C'est par ce motif que je donne à cette nouvelle coupe générique l'appellation de SAINT-SIMONIA.

Coquille ressemblant, comme forme générale, à une *Gaillardotia*, mais caractérisée *par une paroi septiforme complètement creusée par un ou deux profonds sillons, qui divisent en deux ou en trois sa surface.*

Une espèce, la *Letourneuxi*, n'a qu'un sillon, l'autre, la *birimata*, en a deux.

Le sillon de la *Letourneuxi* ressemble à une gouttière bien concave, qui du bord interne creuse un profond canal jusqu'au contour externe où il s'arrête brusquement.

Chez la *birimata*, il y a deux sillons : le supérieur, qui est simple ; l'inférieur qui est composé d'abord d'une profonde gouttière, puis d'une autre accolée, moins creusée.

La *callosité intérimale*, chez la *birimata*, très saillante, a la forme d'un fer de lance.

Sur *la* MARGE *interne de la paroi, se profile une arête*

très aiguë, même acérée, qui se prolonge sur toute sa longueur.

Malgré ces sillons, la surface de la paroi est chargée rugosités chagrinées.

Le péristome aigu, séparé supérieurement de la paroi par une forte rimule, se continue à la partie inférieure avec la gibbosité, à laquelle il se confond, tout en gardant une certaine saillie.

En dessous du dernier tour ou le long du contour extérieur de la gibbosité, on remarque une fente ombilicale, aux 3/4 recouverte, limitée par une arête et analogue à celle qui caractérise le genre *Lacunopsis* du Cambodge.

Enfin, l'ouverture est pourvue à sa partie inférieure d'une forte lamelle palatale.

Saint-Simonia Letourneuxi.

Testa globoso-subturbinata, oblique transversa, solida, opaca, lævigata, subluteola et lineolis fuscis, flexuosis ac (lineolis spiralibus candidis quarum medianæ duæ, tertia infera) interruptis, eleganter ornata; — spira sat producto-convexa, ad summum planulata; — anfractibus 3 1/2 celerrime crescentibus, sutura impressa, inter ultimos valde descendente, separatis; — penultimo subangulato; — ultimo oblique subtransverseque maximo, tumido, circa suturam leviter compresso; — apertura semirotundata, intus inferne unilamellata; —peristomate recto, obtusiusculo, inferne crassiore cum labio conjuncto, superne e labio rima separato; — labio convexo-calloso, leviter crispulato ac granuloso et canali profunde secto; — alt. 8, diam. 9 millim.

Ce canal, exactement concave, situé un peu au-dessus de la partie médiane, sillonne profondément la paroi septiforme. A son arrivée sur le bord apertural, ce canal projette deux légers sillons dont l'un remonte un peu et l'autre se profile assez loin le long de l'arête marginale.

A la base de la paroi, on remarque une petite concavité mal limitée.

Le dernier tour, le long du contour externe de la gibbosité, offre une partie subanguleuse. Cette partie anguleuse limite la dépression de la fente ombilicale, recouverte par la callosité.

Le pli palatal de l'intérieur de la bouche est très saillant.

Saint-Simonia birimata.

Coquille transversalement subglobuleuse, d'une taille plus petite (haut. 6, diam. 7 mill.) que la précédente, d'un ton gris-rougeâtre en dehors comme en dedans, même sur la callosité.

Spire peu convexe, comme écrasée. Trois tours à croissance excessivement rapide. Suture peu descendante, assez profonde, bien que linéaire, par suite du dernier tour légèrement comprimé qui forme un léger bourrelet circumsutural. Dernier tour faiblement subanguleux à son origine. Ouverture semi-arrondie, de forme un peu oblongue. Pli palatal émoussé. Péristome aigu, plus épais à la partie inférieure et se continuant avec la callosité. Rimule supérieure profonde.

Paroi septiforme épaisse, très calleuse, peu ridée, légèrement concave à la base et présentant vers la partie médiane deux profonds sillons : un supérieur bien concave ; un inférieur composé d'abord d'une forte gouttière, puis d'une autre accolée, moitié moins creusée.

Ces sillons, arrivés sur le bord pariéto-apertural, se prolongent sous la forme d'une petite gouttière verticale sur toute la longueur de ce bord.

La portion de la callosité, située entre ces deux sillons, se termine du côté externe sous la forme d'un fer de lance.

A la base du dernier tour, on remarque une légère dépression cintrée et allongée, limitée par une arête, qui rappelle la dépression ombilicale des Lacunopsis.

TRIPALOIA

Tripaloia, *Letourneux*, in Litt., 1880.

Les espèces de ce nouveau genre, auquel le conseiller Letourneux a attribué le nom du podestat de Sinj, le Dr Tripalo, en souvenir de sa bonne réception, sont de petites Néritidées caractérisées par une coquille de *forme transverse*, se distinguant par une *spire comprimée, presque aplatie ;* par des premiers tours relativement très exigus et *un dernier tour prenant un très grand et un très large développement à l'ouverture*. Chez les espèces de ce genre, l'*ouverture, par suite de l'amplitude (surtout en hauteur) du dernier tour, est plus haute que large*. Aussi les Tripaloia ont-elles toujours *une forme un tant soit peu triangulaire. L'angle le plus aigu correspond à l'origine du dernier tour, qui est ordinairement subanguleux.*

La paroi septiforme offre *une surface plane, légèrement concave à la base, inclinée sur l'ouverture*, toujours plus ou moins ridée ou chagrinée, dont le bord interne est parfois denticulé. *Toute l'épaisseur de la callosité se trouve rejetée sur le contour externe, de sorte qu'elle forme un bourrelet*, qui, venant se réunir aux extrémités du péristome, font paraître celui-ci comme continu, bien qu'à la partie supérieure de la paroi, il y ait une légère rimule.

Chez les Tripaloia, de même que chez les genres précédents, l'*ouverture est ornée à la base d'un petit pli palatal.*

Les espèces de ce genre, voisines surtout des Gaillardoties, se distinguent de celles-ci par *leur forme triangulaire* (étroite du côté de l'origine du dernier tour), *très dilatée en hauteur au niveau du bord externe de l'ouverture;* par une *spire presque plane, comme écrasée;* par *une paroi non bombée, mais plane-tectiforme, avec inclinaison sur l'ouverture* et dont la gibbosité, rejetée sur son contour externe, forme saillie et paraît servir de trait d'union à chacune des extrémités du péristome.

Les Tripaloies se distinguent encore des Theodoxia (Neritina des auteurs) par *leur paroi septiforme ridée ou denticulée;* par *le pli palatal de l'ouverture; par leur forme triangulaire*, moins transversalement allongée; par *leur spire écrasée*, etc.

Parmi les Théodoxies vivantes (nommées Néritines), je ne vois que les Neritina crepidularia (Lamark) et Schlæflii (Mousson) de l'Euphrate ou des bords du golfe Persique, qui pourraient se rapprocher des Tripaloies. Toutes les autres des cours d'eau de l'Europe n'appartiennent pas à ce genre.

Tripaloia Sinjana.

Neritina Sinjana, *Brusina*, in. Journ. Conch., p. 113, 1876.

Abondante dans les dépôts de Sinj.

Tripaloia platystoma.

Neritina platystoma, *Brusina*, Foss. binn. moll. Dalm., p. 93, pl. VI, fol. 7-8, 1874.

Ouverture très développée en hauteur. Paroi bien ridée. Pli palatal très allongé, peu saillant. — Un peu moins abondante que la précédente.

Tripaloia Letourneuxi.

Espèce caractérisée par une forme un peu moins haute au niveau de l'ouverture et un peu plus allongée dans le sens transversal. Spire aussi comprimée et aussi aplatie que chez les espèces précédentes, mais paraissant néanmoins un tant soit peu plus haute, par suite de la direction descendante du dernier tour vers l'insertion du bord externe. Trois tours zébrés de linéoles brunes, d'un accroissement des plus rapides et séparés par une suture linéaire. Dernier tour légèrement subanguleux à son origine. Paroi septiforme plane, tantôt presque lisse, tantôt plus ou moins fortement ridée. Callosité de la paroi tout à fait rejetée sur son contour, où il forme saillie. Pli palatal saillant, rapproché de la base de la paroi. — Haut. 5, diam. 7 mill.

Tels sont les nombreux fossiles recueillis par le Dr Tripalo et le comte Paulovic dans les dépôts de la vallée de la Cettina.

Ces fossiles, ainsi que je l'ai dit, sont de deux époques : une quaternaire et une autre tertiaire, vraisemblablement pliocène.[1]

De la première, j'ai constaté 4 mollusques de trois genres *terrestres.*

De la seconde, j'ai signalé ou décrit 60 espèces de quatorze genres, dont 6 nouveaux.

Tous ces genres sont *fluviatiles-operculés* de l'ordre des Branchifères.

Je dois ajouter que sur ces genres, trois sont d'eau douce (Vivipara, Bythinia et Melanopsis), que les autres me paraissent composés (d'après l'ensemble de leurs caractères) d'espèces spéciales à des eaux, sinon tout à fait salées, du moins saumâtres, et que ces eaux n'étaient pas celles d'un grand courant, mais celles d'un lac qui devait occuper une partie de la vallée de la Cettina.

IMPRIMERIE D. BARDIN, A SAINT-GERMAIN.

www.ingramcontent.com/pod-product-compliance
Ingram Content Group UK Ltd.
Pitfield, Milton Keynes, MK11 3LW, UK
UKHW020431230726
13925UKWH00004B/1690

9 782013 439510